ESSAI
SUR LA VIE.

PAR

G. JULES LABONNE,

DE CELLES (Dordogne),

BACHELIER-ÈS-LETTRES, AIDE DE CLINIQUE A L'HÔPITAL CIVIL

DE STRASBOURG.

> Si c'est un subject que je n'entends pas,
> à cela même je m'essaye, sondant le gué de
> bien loin, et puis, le trouvant trop profond
> pour ma petite taille, je me tiens à la rive.
> (*Essais de Montaigne, liv* 1er, *ch.* 4.)

STRASBOURG,

DE L'IMPRIMERIE DE Me Ve SILBERMANN, PLACE St-THOMAS N° 3.

1825.

A mon Père

et

à ma Mère.

M. LABONNE,

DOCTEUR EN MÉDECINE, MÉDECIN DES ÉPIDÉMIES DE L'ARRONDIS-
SEMENT DE RIBERAC (DORDOGNE), ET MÉDECIN DE L'HÔPITAL
CIVIL ET MILITAIRE DE LA MÊME VILLE;

Permettez que ce premier fruit de mes études paraisse sous vos auspices, et qu'il vous soit offert, non-seulement comme un hommage que je rends à vos vertus, mais encore comme un tribut de reconnaissance que je dois aux bienfaits dont vous m'avez comblé.

A MONSIEUR

A. BORAC,

L'AMI DE L'HUMANITÉ,

CURÉ DE BRASSAC (DORDOGNE).

Témoignage de gratitude, de respect et d'attachement.

G. J. LABONNE.

Omnes homines artem medicinam nosse opportet, est enim res honesta ac utilis ad vitam. Ex his maximè eos qui eruditionis eloquentiæ cognitionem habent. Nam sapientiæ cognitionem medicinæ sororem ac contubernalem esse puto. Sapientia enim animam ab affectibus liberat; augesit autem intelligentia præsente sanitate. Ubi, habitus corporis ægrotat, nec mens ipsa claritatem habet ad virtutis meditationem. Hɪᴘᴘ., lib. de nat.

ESSAI SUR LA VIE.

Facultés vitales.

Tout est vivant, tout est animé; et dans le nombre infini des êtres qui concourent à former l'univers, il n'en est aucun, depuis le globe qui nous éclaire jusqu'à l'animalcule microscopique, depuis la créature la plus intelligente et la plus parfaite jusqu'au corps le plus brute et le moins organisé, qui ne possède un degré d'activité relatif au mode et à l'objet de son existence. Cependant, accoutumés à régler sur les bornes étroites de nos sens les idées que nous nous formons des opérations de la nature, nous avons exclu de la classe des êtres vivans tous ceux dont la vie n'a qu'un progrès trop lent et trop peu sensible pour que nous puissions le saisir. Mais, sans nous arrêter à faire voir ici que cette hypothèse détruit nécessairement l'accord qui existe entre toutes les parties de la création, et rompt la chaîne qui les unit intimement, puisqu'il ne peut y avoir de rapport et de nuance entre le mort et le vivant, il nous suffira, pour nous convaincre que cette division n'a d'autre fondement que l'imperfection de nos moyens, d'étudier avec soin la marche de la nature; nous la verrons attentive à ne rien brusquer, passer d'un extrême à l'autre par des degrés imperceptibles, lier l'animal à la pierre par des rapports généraux et des facultés communes, et former ainsi de ses productions infiniment variées un seul système qui embrasse tous nos règnes, tous nos genres, toutes nos espèces.

Quelque variées que soient les modifications de l'activité

vitale dans les différens êtres qui en jouissent, il est facile de les réduire à deux forces ou deux facultés principales qui produisent tous les phénomènes de la nature vivante.

La première de ces forces ou la force *digestive* ou *altérante*, pénètre les corps dans la pleine solidité de leur masse, les élabore, les altère, et les transforme jusques dans leur partie les plus intimes, et décide l'ensemble de leurs qualités intérieures. La seconde, ou la force *loco-motrice*, entièrement bornée à leur surface, n'a d'action que pour changer leurs rapports extérieurs de figure, de situation et de distance, sans porter atteinte à leur constitution intérieure ou physique.

Le rapport des sens étant la base sur laquelle porte le système entier de nos connaissances réfléchies, et nos sens ne pouvant nous représenter que les qualités extérieures des corps (car les idées dues au goût et à l'odorat qui sont en rapport avec leurs qualités intérieures, ne sont point susceptibles de devenir le sujet de la réflexion et du raisonnement), il suit qu'il nous est impossible de nous former aucune conception de la manière d'agir de la force digestive, qui n'opère que sur l'intérieur des masses. Son existence ne nous est autrement connue que par ses effets. Encore, lorsque nous examinons un corps soumis à l'action de cette force, les altérations qu'il éprouve, imperceptibles dans le détail, ne deviennent sensibles que de loin en loin, et leur ordre de succession nous échappe complètement. Dès-lors ces phénomènes ne peuvent, comme ceux dépendant de la force motrice, être rapportés à des lois simples et mécaniques capables de se plier à nos méthodes de calcul.

Il paraît que c'est pour cette raison que la force digestive a été négligée par les modernes (1); car les modernes, frappés de l'heureux succès de l'application des sciences mathéma-

---

(1) Nous devons en excepter Bacon Vauhelmont et M. de Buffon.

tiques à la physique générale, ont rejeté de la philosophie, comme des qualités occultes, toutes les causes qui ne pouvaient se prêter à cette application. Ces prétentions de Descartes ont été tellement répandues que Stahl lui-même, qui a défendu avec tant de chaleur le domaine de la médecine contre l'usurpation des sciences étrangères qu'on cherche à y introduire, a borné le pouvoir de l'âme à la seule faculté locomotrice. Aussi est il facile de voir que sa théorie, infiniment précieuse dans tout ce qui a rapport aux affections nerveuses résultantes d'une disposition vicieuse des forces toniques, n'est point du tout applicable aux maladies humorales qui tiennent à des lésions de la force digestive. Galien, au contraire, avait bien senti l'insuffisance de la force motrice, et la nécessité de recourir à une faculté altératrice présente à toutes les parties, pour rendre raison des phénomènes de la nutrition et des diverses altérations des humeurs dans les maladies.

Cette force digestive, entièrement méconnue des médecins modernes, est cependant celle des forces vitales qui mérite le plus de considération. Car le corps animal a beaucoup plus à craindre des agens qui, comme l'air et le feu, tendent continuellement a altérer la constitution physique ou sa mixtion, que des causes accidentelles qui peuvent porter atteinte à la structure; et les maladies qui intéressent ces forces ont des suites bien plus funestes que les lésions simplement organiques, qui, lorsqu'elles ne sont pas produites d'une manière trop brusque, ne portent souvent aucun dérangement sensible dans l'économie vitale. Elle est même la seule qui soit vraiment essentielle à la vie, puisqu'elle seule est commune à tous les êtres, et s'exerce sans interruption pendant le cours entier de leur durée, tandis que l'action de la force loco-motrice presque bornée aux animaux, est suspendue par de fréquentes alternatives de repos.

Je ne m'arrêterai point à reconnaître la nécessité de faire

de la vie une faculté commune à tous les êtres, je passerai à l'objet qui, plus en rapport avec le but du médecin, doit m'occuper plus spécialement.

Du fœtus.

Nous remarquerons d'abord, que la génération étant subordonnée à des lois constantes, et réglée sur un plan régulier et réfléchi, ne peut être rapportée à un principe aveugle et privé d'intelligence, et que l'ame est le seul agent que l'on puisse assigner pour régir cette fonction, de même que tous les autres actes de la vie. 1° C'est qu'attribuer la formation du corps animal à un concours et à un assemblage quelconque de molécules matérielles, c'est rendre ce phénomène aussi fortuit et aussi variable qu'il est constant et régulier, puisque ces molécules sont absolument indifférentes pour tout ordre et tout arrangement symétrique. 2° C'est qu'en reconnaissant même avec Rœderer, Wolff et Needham, une faculté plastique, essentielle ou végétative, on est de plus obligé de la faire dépendre d'une cause intelligente, pour rendre raison de l'accord et de l'harmonie qu'elle met dans toutes ses opérations. 3° C'est que le corps animal n'a en lui-même aucune raison finale de son existence, qui est toute entière soumise à l'ame dont ce n'est que l'organe ou l'instrument; c'est qu'il n'offre dans sa structure aucune circonstance qui ne se rapporte aux besoins de l'ame et aux fonctions qu'elle devait remplir pendant le temps de son union avec lui; et par conséquent qu'il est naturel de faire effectuer sa construction et la conservation de ses organes par le même principe qui doit les appliquer à leurs divers usages. 4° Enfin, c'est qu'indépendamment de tout raisonnement *à priori*, cette action de l'ame sur le corps dans sa formation, est encore prouvée par le fait même, puisque cet acte peut être modifié, altéré, ou même suspendu complètement par l'effet des passions qui affectent l'ame de la mère, et qui sont ressenties par celle du fœtus à raison de la correspondance intime qui existe entre l'une et l'autre.

L'ame concourt d'une manière bien évidente et doit être regardée comme l'agent qui préside à la génération. On le prouve aisément par le fait des ressemblances des enfans à leurs pères, considéré dans l'ensemble des circonstances. Un autre fait également important c'est que le germe de ces ressemblances, de même que celui des maladies héréditaires, attend pour se développer l'âge auquel chacune d'elles est spécialement affectée.

Ces faits nous mènent à reconnaître que dans l'acte de la conception l'ame du fœtus entre en communication avec celles des deux individus qui se sont réunis pour le former, et prend connaissance de la somme des affections, qui constituent la nature de l'un et de l'autre; en sorte qu'il en résulte pour elle un plan ou une image mixte, d'après lequel elle règle la construction de son corps, ainsi que l'ordre des fonctions qu'elle doit remplir pendant le cours entier de la vie. C'est dans les transports impétueux qui accompagnent la copulation, c'est dans ce moment si fugitif où le père et la mère restent confondus et anéantis dans un délire de volupté qui absorbe toutes les facultés de leurs ames, que la semence reçoit les propriétés nouvelles auxquelles elle doit sa fécondité.

La conception de la part du fœtus n'est donc autre chose que la perception de l'image ou du type primordial de l'espèce; de la part de la mère elle consiste dans l'établissement ordonné des actes, qui sont nécessaires de son côté, pour completter la génération, et en assurer la réussite; car nous devons admettre avec M. de Grimaud, que c'est à la sensation indéterminée, que le mâle imprime à la femelle dans le moment de leur réunion, qu'est attachée toute la série des mouvemens qui constituent et accompagnent la grossesse.

Les sept premiers mois qui amènent la formation complette du fœtus, sont partagés en deux périodes égales par une révolution bien marquée, qui tombe au milieu de ce temps, ou entre le troisième et le quatrième mois de la grossesse; alors la force plastique, dont la vigueur semblait diminuée ou ralentie, reprend tout-à-coup une énergie nouvelle, et imprime à toutes les parties un accroissement brusque et rapide. C'est aussi à cette époque que la force musculaire, assoupie jusqu'alors, commence à entrer en exercice, et que la graisse s'engendre et devient sensible; car toute l'utilité de la graisse se rapporte au mouvement des muscles et des articulations, dont elle a pour objet d'aider et de faciliter le jeu, soit en tempérant la dureté des frottemens par sa qualité onctueuse et humectante, soit en augmentant l'ouverture de l'angle, sous lequel les muscles l'unissent aux os, par le moyen de petits pelotons placés entre eux.

Si nous examinons maintenant l'état de la vie dans le fœtus, et le rapport sous lequel se combinent les facultés vitales, nous verrons qu'il est absolument le même que celui qui a lieu dans les végétaux, auxquels le fœtus doit être complètement assimilé, au moins dans la première période de sa formation. En effet, non-seulement il y a une analogie exacte dans la manière dont il reçoit sa nourriture, non-seulement toutes ses parties sont pénétrées d'une force puissante de végétation, mais encore il est, comme les végétaux, privé de tout sentiment extérieur et de tout mouvement sensible, et réduit à la seule faculté digestive et aux fonctions essentiellement vitales. J'ai dit au moins dans la première période de sa formation; car nous avons vu qu'au-delà de ce terme il commençait à donner des preuves de sentiment et de mouvement. Ce partage de la vie en deux périodes différentes est important à remarquer par son analogie avec le resultat des expériences de M. Needham, qui ont prouvé que les substances animales et végétales présentaient également dans leur décomposition aux états successifs, dont le premier était marqué par sa production du végétal, et le second par celle de l'animal.

Quoique tous les mouvemens, toutes les fonctions du fœtus dépendent exclusivement du principe qui l'anime, et qu'il jouisse d'une vie propre et individuelle, cependant comme nous sommes liés à tous les êtres qui nous environnent par des rapports d'autant plus étroits que nous avons un plus grand besoin de chacun d'eux, le fœtus est tellement soumis à la mère, qu'il ressent et partage toutes ses affections, et présente comme une pâte molle et flexible que son imagination manie pour ainsi dire à son gré. Cette correspondance, qu'on a voulu nier sous le vain prétexte que les nerfs et les vaisseaux du fœtus ne sont point une continuation de ceux de la mère, était absolument nécessaire à la transmission d'un grand nombre d'idées relatives à l'espèce. Un fait bien curieux à cet égard, que rapporte M. de Haller, c'est que les poules provenant d'œufs qu'on a fait éclorre à une chaleur artificielle, ne savent absolument pas couver. Cette communication est encore bien prouvée par les envies dont on a des exemples trop frappants et trop multipliés, pour qu'on puisse les révoquer en doute.

Mais si le fœtus prend part à tous les sentimens, à toutes les passions qui agitent l'ame de la mère, la mère à son tour a une connaissance exacte et intuitive de tous les besoins du fœtus. C'est sans doute à une connaissance sourde de ces besoins qu'on doit rapporter les goûts bizarres et violents qu'elle éprouve souvent, et qui, lorsqu'ils ne sont pas satisfaits, peuvent porter des impressions profondes sur le corps du fœtus. La sensibilité extrême des femmes dans le temps de la grossesse et encore fondée sur le même principe. Tel est même le soin avec lequel elles veillent à la conservation du dépôt qui leur est confié ; qu'elles semblent se priver en sa faveur de la portion d'alimens nécessaire à l'entretien de leur propre corps ; d'où dépend l'amaigrissement qu'elles éprouvent ordinairement , et qui annonce le bon état du fœtus.

De l'enfance.

L'enfance, ou le premier âge médicinal, s'étend depuis le moment de la naissance , auquel l'homme commence à vivre et à exister véritablement pour le médecin, jusqu'à la fin de la quatorzième année , époque marquée par le développement de nouveaux organes et de nouvelles fonctions, qui impriment au principe de la vie une modification particulière, et changent subitement le système entier de ses affections. Car quoique l'espace compris entre ces deux termes , soit encore partagé en plusieurs portions distinctes par les révolutions relatives à la pousse des dents, comme ce ne sont là que des changemens légers , qui n'apportent dans le tempérament aucune altération essentielle et durable, nous n'avons pas cru y devoir prêter notre attention et le considérer séparément.

Chaque âge de la vie, de même que chaque tempérament, est caractérisé par l'affaiblissement d'un organe particulier, qui est indiqué ordinairement par l'excès de son volume relatif, et sur lequel sont constamment tendus dirigés tous les efforts des forces toniques, ce qui en forme un foyer ou un centre de fluxion, qui attire et dérive sur lui toutes les humeurs, sollicite les congestions, les dépôts et les hémorrhagies, et devient ainsi le siège ordinaire des maladies propres à chacun d'eux. Ces différentes tendances des mouvemens toniques n'ont jamais été mieux étudiées que par Stahl, comme on peut le voir dans sa belle dissertation *De morborum œtatum fundamentis;* mais ce qui a échappé à Stahl, et jusqu'à ce jour à tous les médecins, c'est l'utilité, c'est la cause finale de ces tendances qui se trouvent dans un rapport constant avec la nature de la diathèse attachée à chaque âge, circonstance qui est cependant la plus intéressante pour le médecin, dont elle sert avantageusement à diriger la marche.

La tête est cet organe spécialement affecté dans l'enfance (surtout ses parties extérieures); de là les hémorrhagies du nez, les catarrhes de la membrane pituitaire, les affections des parotides, l'hydrocéphale, et les dépôts dans la tête; de là les aphtes, la teigne, les inflammations des yeux et des oreilles, les douleurs de tête, l'ulcération de ses parties extérieures, qui forment le triste partage de cette première période de la vie. Cette tendance des mouvemens toniques vers la tête, cette concentration des forces vitales dans cette partie, a bien évidamment pour objet la formation et la pousse des dents, ainsi que la perfection et l'exercice des organes des sens affectés, principalement à la portion supérieure du corps; organes qui n'ont jamais plus d'activité que chez l'enfant placé au milieu d'un système d'êtres nouveaux, dont il s'attache avec ardeur à étudier la nature, et à apprécier les rapports.

Comme l'estomac et les intestins offrent aussi une voie d'excrétion aux sucs muqueux, on remarque également qu'ils ont plus de longueur et de capacité dans l'enfant que dans l'adulte, et qu'ils deviennent un centre de fluxion, de même que la tête, avec laquelle ils conservent une sympathie trèsétroite. C'est pourquoi les affections catarrhales se compliquent ordinairement d'un état de saburre des premières voies.

Hyppocrate a remarqué, et la pratique journalière confirme, que les enfans dont le cerveau n'a pas été purgé par des évacuations suffisantes, ou qui n'ont pas jeté leur gourme,

comme on le dit vulgairement, sont plus faibles et plus sujets
aux maladies que les autres.

Le rachitis dont les enfans sont très-communément atta-
qués, nous paraît devoir être rangé parmi les affections catarrhales ; car non-seulement son action est renforcée par les
mêmes causes, comme l'habitation d'un pays marécageux,
l'hiver, une constitution froide et humide, un tempérament
dénué de vigueur et d'activité, l'impression des causes éner-
vantes long-temps soutenue, etc., mais encore il est combattu
avec avantage par les mêmes moyens, tels que les purgatifs
doux qui sont les plus appropriés à la dégénération catarrhale,
le mercure et ses préparations, le quinquina, les bains, les
frictions et les autres toniques.

Les enfans, dont la faculté-digestive est augmentée relativement à la faculté tonique, doivent donc user de substances
qui, comme les végétales, en exerçant beaucoup la première
n'exige pas une grande dépense de la part de la dernière. Aussi
la nature, qui a constamment réglé nos goûts sur nos besoins,
inspire-t-elle aux enfans une passion violente pour les fruits et
les végétaux et un dégoût marqué pour la viande ; dégoût
qu'ils ne parviennent à surmonter que par l'habitude, et lorsqu'accoutumés à donner davantage à leur intempérance qu'à
leurs besoins, ils ne peuvent plus distinguer les inspirations
saines et utiles qui leur sont dictées par la nature, de celles
qui ne sont fondées que sur l'altération de leurs organes et
la dépravation de leurs appétits.

Il existe entre les âges de la vie et les saisons de l'année une
analogie exacte et constante, soit relativement à l'énergie res-
pective des forces vitales, et au mode de leur tendance et de
leur développement dans ces différentes circonstances, soit
relativement à la nature des affections maladives qui leur sont
affectées ; en sorte que chaque année, considérée successivement dans ses diverses périodes, est une image raccourcie de

la vie entière , et présente la même marche et les mêmes révolutions. L'hiver est la portion de l'anné qui correspond à l'enfance ; car non-seulement la constitution froide et humide qui règne alors imprime au système des facultés vitales la même modification que celle qui constitue le tempérament des enfans, mais encore cette saison est caractérisée par la même fréquence des affections de la tête et la même prédominance de la diathèse catarrhale.

Les mêmes changemens s'observent , quoique d'une manière moins sensible, dans la révolution diurne ; et la nuit est aux autres parties du jour ce que l'hiver est aux diverses saisons de l'année , et l'enfance à la vie entière. Ainsi les forces toniques éprouvent dans la nuit un affaiblissement bien marqué. C'est aussi ce temps que la nature a spécialement destiné au sommeil, et celui dans lequel débutent ordinairement les accès des fièvres catarrhales , et comme les affections vermineuses et vénériennes paraissent entretenues par une cause maligne à celle des affections catarrhales, on remarque également que c'est pendant la nuit que se font ressentir leurs paroxismes les plus violens.

De la Jeunesse.

Quoique la nature paraisse assujettie dans toutes ses opérations à une marche uniforme et finement graduée, et qu'emporté par un progrès insensible, le corps animal ne présente dans le cours entier de sa durée qu'un enchaînement non interrompu d'altérations et de changemens, il est cependant des époques marquées par des révolutions plus rapides, qui frappent d'une manière brusque tout le système des affections vitales.

Parmi ces révolutions, une des plus frappantes est celle qui tombe à la fin de la quatorzième année, ou de la seconde septenaire. C'est à cette époque qui termine l'enfance, que

l'homme borné jusques-là à une vie individuelle et isolée,
qu'il ne peut ni étendre ni partager, commence à exister
véritablement pour l'espèce; c'est alors qu'il devient propre
à remplir les desseins de la nature, qui dans la succession
rapide des individus, ne perdant point de vue la conservation des espèces, en a assuré la permanence en accordant
à chacun des êtres qui les composent la faculté de se repro-
duire dans un nouvel être qui lui ressemble. Cette destination
nouvelle exigeait le développement de nouveaux instrumens,
et l'emploi de nouveaux moyens; de là ce changement subit
qui opère la puberté dans l'organisation du corps de l'animal
et le nouveau rapport qu'elle introduit entre les facultés; de
là les nouveaux besoins qu'il éprouve, les passions nouvelles
qui l'agitent, les nouveaux goûts, les nouvelles idées, qui
toutes sont constamment tendues et dirigées vers ce but, et
se trouvent dans l'accord le plus parfait avec le nouvel ordre
de fonctions qui lui est tracée par la nature.

Un des premiers effets de la puberté se fait remarquer
dans les organes de la génération, qui commencent à entrer
en action, et acquerrent en peu de temps la perfection et le
volume qu'ils doivent conserver pendant le reste de la vie.
Dans l'enfance ces parties à peine développées, ne faisaient
que se nourrir ou végéter, sans activité, sans énergie, entièrement soumises à l'influence des autres organes. Mais à
l'époque de la puberté elles sortent tout-à-coup de l'état d'en-
gourdissement et d'inertie, dans lequel elles étaient resté
plongées jusqu'alors; leur département resserré, s'étend et
et s'agrandit, et les fonctions particulières qui leur sont dé-
parties, deviennent dès-lors la principale occupation de la
nature et l'objet de tous les soins. C'est ce qui est surtout
bien marqué dans la femme, chez laquelle la matrice, cet
organe si actif, dont la sensibilité dépravée et les fonctions
intervesties, jettent dans l'économie animale des dérange-

mens si étonnans et variés, se change subitement en un nouveau centre de vie, qui sollicite vers lui la tendance des mouvemens et des humeurs, et dont l'action se propage sur le système entier des organes qu'il s'asservit et se subordonna. Cette révolution est bientôt suivie d'autres changemens également relatifs à la nécessité de la reproduction. Tels sont dans la femme le flux périodique et le gonflement du sein, et dans l'homme la production de la barbe, et la mue de la voix, qui d'abord rauque et inégale, acquiert bientôt la force et la gravité nécessaire à l'expression de nouveaux désirs qu'il éprouve; au lieu que dans la femme elle retient le caractère qu'elle avait dans l'enfance, et qui, analogue à la faiblesse de son sexe, était plus propre à intéresser l'homme à ses besoins.

Le changement qu'éprouve la sensibilité se rapporte à la reproduction. Dans l'enfance, temps consacré à l'éducation de l'homme et au perfectionnement de son corps, elle ne s'exerce que sur des objets analogues à cette fin. Aussi la gourmandise qu'entraîne le besoin de son accroissement, la timidité dépendante de sa faiblesse, la curiosité nécessaire à son instruction sont-ils les seuls sentimens dont l'enfant soit susceptible. Mais dès que la puberté, en développant chez lui de nouvelles sources de vie, l'a rendu propre à transmettre l'existence à d'autres êtres, la faculté sensitive n'est plus resserrée dans la sphère étroite des désirs relatifs à la conservation de l'individu, et l'amour, ou la passion qui a pour objet la conservation de l'espèce, absorbe la plus grande partie de son activité; l'amour le plus impérieux de tous les besoins, la plus vive des jouissances, le plus délicieux des sentimens, parce que la fonction à laquelle il est attaché est, d'après les desseins de la nature, la plus noble et la plus importante. Tel est le pouvoir de cette passion sur l'animal, qu'elle semble lui faire oublier le soin de sa propre conservation, et le porte à braver toute sorte de périls pour trouver l'objet qui doit le délivrer d'un surcroît de force et de vie, qui lui est à charge, et qu'il cherche à communiquer. *In furias ignemque sint.*

Mais l'augmentation d'énergie des forces toniques et motrices est ce qui sert le plus à différencier le tempérament de la jeunesse de celui de l'enfance. Par l'effet de cette intensité nouvelle toutes les parties prennent plus de fermeté et de consistance; les mouvemens toniques vitaux, soit dans l'état de santé, soit dans l'état de maladie, s'exercent avec plus de régularité et de force; et les muscles rendus plus saillans donnent à tous les membres une forme plus durement dessinée; elle s'annonce encore par l'état du pouls qui est plus fort et plus développé, par le caractère plus décidé des traits du visage, et la couleur plus rembrunie de la peau; car dans l'homme comme dans les animaux la blancheur est constamment un indice de faiblesse.

Il ne nous sera pas difficile de trouver entre la jeunesse et le printemps les mêmes rapports que nous avons déjà remarqué entre l'hiver et l'enfance. Ainsi le printemps s'annonce par la même tendance des humeurs vers la peau et le poumon, la même fréquence des affections de ce dernier organe, la même prédominance de la diathèse phlogistique. Il est encore comme la jeunesse le temps le plus particulièrement consacré à l'amour. Car ce n'est que dans cette saison que la plupart des animaux deviennent propres à l'acte de la reproduction; et quoique l'habitude de vivre en société ait soustrait l'homme à l'influence des saisons et des climats, et l'ait rendu habile à cette fonction dans tous les temps, il est acquis par une longue suite d'observations faites à Londres dans les hôpitaux destinés aux femmes en couche, que les mois de janvier et de décembre sont ceux dans lesquels il naît le plus grand nombre d'enfants.

On doit dire la même chose du matin comparé à la jeunesse. Car outre que c'est ordinairement le matin que se fait l'invasion des fièvres inflammatoires, il n'est personne qui ne se soit apperçu du redoublement sensible qu'éprouvent à cette époque les désirs amoureux, et de l'activité nouvelle que prend le système entier des forces vitales.

De l'âge viril.

C'est parce que la nature passe de l'état dans lequel elle se trouve dans la jeunesse à la modification nouvelle qu'elle doit prendre dans l'âge viril, par une suite d'altérations imperceptibles, qu'il est très-difficile de déterminer d'une manière précise les limites qui séparent ces deux âges. Ces limites sont plus ou moins reculées pour les individus, suivant que leur constitution propre a plus ou moins d'analogie avec le tempérament attaché à l'âge viril. Ainsi les jeunes gens secs et bilieux y arrivent plutôt que ceux qui sont d'une constitution sanguine plus décidée. Il paraît cependant, qu'en consultant la règle la plus générale, on doit fixer ce terme de séparation à la fin de la vingt-huitième année ou de la quatrième septenaire, époque à laquelle le corps a prit tout son accroissement en hauteur et en épaisseur, puisque c'est alors que le principe de la vie diminue l'énergie de la faculté digestive, dont l'exercice lui devient moins nécessaire.

La faculté digestive souffre dans l'âge viril un affaiblissement déjà sensible, qui ne lui permet plus de l'appliquer avec avantage que sur un moindre nombre de substances, et d'en opérer la transformation d'une manière aussi complette : soit que la puissance du principe de vie soit trop bornée pour qu'il puisse déployer à la fois, et avec une égale énergie, les deux facultés vitales, ce qui le force à affaiblir l'une dans la même proportion que l'autre augmente ; soit que les forces digestives soient absorbées par le travail des organes préparateurs de la liqueur séminale ; liqueur qui est peut-être de toutes les substances animales celle dont l'élaboration exige la plus grande dépense de ces forces, comme le prouvent la grande activité pour fournir des productions vivantes, l'amaigrissement extrême des animaux dans le temps du rut, et l'altération profonde que porte dans la constitution l'émission trop fréquente de cette humeur précieuse et éminemment chargée de vie.

L'analogie qui existe entre la nuit, l'hiver et l'enfance, entre le matin, le printemps et la jeunesse, se remarque entre le milieu du jour, l'été et l'âge viril. Le premier de ces rapports est principalement indiqué en ce que le midi est le temps marqué pour les accès des fièvres bilieuses ; et relativement au second, il est facile de voir que les forces vitales reçoivent dans l'été la même modification que dans l'âge viril, ce qui donne lieu à la dégénération et aux mêmes maladies.

L'activité dont jouit la force digestive pendant les dernières années de l'âge viril, se manifeste par la production de la graisse, qui se rassemble et s'accumule principalement sur les parties extérieures de l'abdomen, principal siège de cette force. Cet excès d'embonpoint n'est point, comme on l'a dit, un fardeau inutile, qui surcharge le corps, et nuit à la force et à l'agilité de ses mouvemens ; mais il a bien évidemment pour objet de suppléer à l'imperfection de la nutrition. C'est ainsi que les animaux dormeurs qui doivent passer l'hiver sans prendre de nourriture, se chargent sur la fin de l'automne d'une grande quantité de sucs graisseux, qui les mettent en état de supporter la longue abstinence qu'ils doivent essuyer pendant la saison suivante. Car la graisse n'est qu'un suc nourricier surabondant et mis en réserve ; comme cela est prouvé par sa prompte destruction dans les maladies aiguës qui affectent la faculté digestive, par l'observation de Fabrice Hildan, qui a vu que dans les personnes mortes de faim les os même étaient entièrement épuisés de moëlle, et par le soin que prend la nature de la rassembler sur la fin de l'automne et de l'âge mûr. Il est peu de faits qui, bien examinés, prouvent d'une manière aussi frappante la nécessité de rapporter tous les phénomènes de la vie à un principe sage et prévoyant, ainsi que la vanité et l'insuffisance des explications déduites de l'action aveugle de la matière et de la contrainte rigoureuse des lois d'une mécanique grossière auxquelles on veut tout réduire.

De la vieillesse.

Par une loi dont il serait inutile de rechercher la cause, et plus ridicule encore de vouloir prévenir les effets, tous les êtres parvenus au dernier terme de leur perfection, s'en éloignent et marchent à leur destruction par des degrés correspondant à ceux de leur accroissement. Quoique le corps commence à dépérir dès le moment de son entier développement, ces dégradations presque insensibles pendant la durée de l'âge viril, ne peuvent être facilement remarquées avant la fin de la quarante-neuvième année, terme auquel commence la vieillesse; parce que cette époque, qui dans les deux sexes s'annonce par l'anéantissement de la faculté génératrice et des fonctions qui s'y rapportent, et qui semble replonger l'homme dans l'état dans lequel il se trouvait avant la puberté, imprime à toutes les forces vitales un affaiblissement simultané qui précipite ces dégradations.

L'Allemagne a été regardée autrefois comme le pays le plus propre à fournir des hommes robustes, forts, grands, faits pour vivre long-temps, et si les habitans ne jouissent point aujourd'hui des mêmes avantages, c'est que leur genre de vie a perdu de sa première simplicité.

L'Ecosse et l'Irlande comptent un assez grand nombre de vieillards ; on en voit également dans les régions méridionales et tempérées de l'Europe ; en un mot, on trouve des vieillards dans tous les pays.

La dégénération séreuse qui leur est affectée peut occasionner, suivant la diversité des parties dans lesquelles ses produits se déposent et s'accumulent, des maladies qui, quoique identiques par leur nature, sont très-différentes en apparence. Portée sur le cerveau et l'origine des nerfs, l'humeur séreuse détermine des apoplexies, des léthargies, des affections soporeuses ; fixée sur le poumon, elle produit l'asthme humide, des catarrhes opiniâtres et chroniques ; dans l'abdomen, elle manifeste ses effets par des flux séreux et les différentes sortes d'ascites ; et uniformement répandue dans tout le tissu cellulaire, elle constitue la cause de la leucophlegmatie ou de l'hydropisie générale.

La nature, après avoir affaibli successivement dans les autres âges les organes situés supérieurement, affecte dans la vieillesse de cette faiblesse relative le bas-ventre et les extrémités inférieures, mais plus spécialement encore la vessie et les voies urinaires sur lesquelles se concentrent et se fixent tous les mouvemens toniques ; et cette tendance particulière qui contribue efficacement à augmenter la sécrétion qui se fait dans les organes, et dépouiller les humeurs de la sérosité surabondante, est suffisamment indiquée par la fréquence des affections de ces parties chez les vieillards. Cette loi qui soumet les forces toniques à parcourir dans la révolution entière de la vie toute l'étendue du corps, par un progrès dirigé des parties supérieures vers les parties inférieures, règle également les actes de la force plastique, comme nous l'avons vu en parlant du fœtus, et s'observe encore pendant la durée de chaque année et de chaque maladie. Ainsi, il arrive très-communément que les premières crises d'une maladie se font par les parties supérieures, par exemple, par des hémorragies du nez, et les dernières par des diarrhées et des évacuations par les parties inférieures. MM. Wagler et Rœderer ont observé de même dans l'épidémie pituiteuse qui régna à Gœttingue en 1761, une cession sensible dans le rétablissement du canal intestinal à la suite des fièvres gastriques ; et ils ont vu que l'estomac reprenait son état naturel avant les intestins grêles, qui se rétablissaient encore long-temps avant les gros. C'est pour quoi, dans les fièvres gastriques, l'administration de l'émétique doit ordinairement précéder celle des purgatifs.

Je terminerai cet article de la vieillesse, en assignant, comme je l'ai fait à l'égard des autres âges, la saison et la partie du jour qui lui correspondent dans le cours de la révolution annuelle et diurne. Or, c'est surtout la fin de l'automne et le soir qui entretiennent avec cette dernière période de la vie les rapports les plus multipliés et l'analogie la plus exacte. Ainsi les maladies contractées en automne prennent, comme dans la vieillesse, un caractère de lenteur et d'opiniatreté, et se fixent principalement sur les organes du bas-ventre : ainsi, sur le soir, la faiblesse des forces digestives contr'indique l'usage peu modéré des alimens, et l'épuisement des forces motrices joint à la diminution d'activité des organes des sens, amène la nécessité du sommeil destiné à en opérer la réproduction. Mais il existe entre elles cette différence que l'énergie des forces vitales ne paraît baisser sur la fin de l'automne et de la journée que pour l'élever bientôt après à son premier état, au lieu que les altérations qu'elles éprouvent dans la vieillesse ne peuvent plus se réparer, et augmentent sans cesse par un progrès rapide jusqu'à la mort, ou à l'entière cessation de l'exercice de ses forces.

FIN.